隐没在冰雪中的
神秘地带

在我们的日常生活中，常常可以看到一些动植物：学校附近的路边有盛开的小花和碧绿的小草，夏天有绿叶成荫的树木，不时有虫鸣鸟叫……虽然我们随时都能亲近大自然，但是越容易看到的东西，往往越容易被忽略。南极既寒冷又干燥，被称为"白色沙漠"。像南极这样难以接近的地方，离我们很遥远，充满很多未知因素。但是，人们越难踏上这块土地，就越想要一探究竟。

早在数百年前，不，应该说自从有人类以来，就不断有人前往未知的地方探险。人们冒着生命危险从事探险活动，有时是为了求生，有时是出于好奇，或者是为了开拓新领地。南极探险的历史可以回溯到100多年前，当时有许多冒险家争先恐后地想要成为第一个抵达南极点的人，他们的冒险旅程充满艰辛和危险。挪威的阿蒙森利用狗拉雪橇这种轻便的方式前往南极点；英国的斯科特则是带上大量的行李和耐寒的西伯利亚矮种马来与阿蒙森的队伍一较高下。最后，阿蒙森成为踏上南极点的第一人，而斯科特虽然比谁都想要先登上南极点,却因为途中的恶劣天气、体力透支等原因,他和全体队员不幸罹难。不论是成功的壮举还是壮烈的悲剧,如今南极点的阿蒙森—斯科特站就是以这两位冒险家的名字命名的。

现在,请你做好一切准备,跟着书中的主角一同迈向地球上偏远、寒冷、充满奥秘的南极大陆吧!虽然旅途中有吓人的暴风雪,还有数千米深的地表裂缝,但是只要大家下定决心,不畏艰险,就能克服重重困难,征服南极点。让我们一起向南极点出发吧!

人物介绍

杨大同

一个即使处在困难环境，也能照吃照睡、健康又坚强的少年。一有机会就搞恶作剧，这次要以天不怕、地不怕的精神来探索南极。

身　　份 小学六年级学生，负责大家的饮食

目　　标 要成为第一个登上南极点的小学生

参与动机 为了挫败叔叔的锐气，征服梦想中的南极点

韩小珠

跟随探险家爸爸一起挑战极地探险的女孩。天资聪颖、实事求是，总爱和大同抬杠。经过 62 天的极地探险之旅，她更加了解自己的爸爸，并以他为荣。

身　　份 小学六年级学生，担任医护人员

目　　标 磨炼意志，增强自信心

参与动机 决不输给杨大同

小珠的爸爸。管理探险队一切事务的队长。他有时看起来严肃可怕,但在艰辛的极地探险中,每当队员精疲力竭时,他总是用深不可测的惊人能力使队员重新鼓起勇气。对只要有机会就搞恶作剧的大同十分头疼。

身　　份	探险队长
目　　标	带领队员们安全顺利地完成南极探险
参与动机	为了国家荣誉而去征服南极点

韩队长

大同的叔叔。自夸具备适应极地的体质,总是一副自信的模样,不过真正实力大概只有大同的水准。

身　　份	探险老手,负责领航和装备
目　　标	不会错过各种探险活动
参与动机	让侄子接受严酷的极地训练,使其迅速成长

杨莫村

目 录

南极在召唤我!
我来啦,南极!

咦?

你想溜哪儿去啊?
给我过来整理行李!

摇摇晃晃

我的都整理好啦……

要一起帮忙搬啊!

怎么这么多行李?

这可是要去南极的。

哇,好像大搬家……

当然啦!你以为征服极地是小孩子的郊游踏青吗?这些可是要应付极地环境、维持生命的粮食和重要装备。

顺带说一下,你这次可是托我的福才能去的。要不是我,别说是南极,你连家门口都去不成吧?

又开始自吹自擂了……

像你叔叔我这种能力非凡的人,才有资格带领探险队,你跟着我屁股后面就对啦!

用点力啊!

是!

咳!

这趟旅程先到美国洛杉矶,再经秘鲁的利马、智利的圣地亚哥和最南端的蓬塔阿雷纳斯,最后到达南极的爱国者山,要花上近几十个钟头。

12 小时
1 晚
9 小时
4 小时
4 小时
6 小时

洛杉矶
利马
圣地亚哥
蓬塔阿雷纳斯
爱国者山

你别老是嫌旅途无聊,像我一样做旅行记录嘛!

哎哟,真把这儿当成家里喽!

这个也一样!

呼

你这样很容易得"经济舱综合征"啦!

什么"经济舱综合征"?我还是头一次听到这种奇怪的病名。

噼里啪啦

像你这种吃了就睡的人,最容易在长途飞行时得这种毛病!

专心听

在飞机上空气十分干燥，气压和含氧量也不到地面的80%。

因此，人体血液中的含氧量下降，血液流动变得迟缓，甚至可能凝固。再加上经济舱座位窄小，妨碍血液流动，容易产生血块，小腿也会跟着肿大！

呜哇

也就是比地面少了20%以上的氧气？

所以特别容易打瞌睡吗？

我……我的小腿真的肿起来了！

咚咚

~好饱啊！

你那个地方是被蚊子叮的啦！快起来动一动！

知道啦，这就起来了！

运动谁不会啊！

摩拳擦掌

说到运动，还是跑步最好了！

你不能在这里跑啊！这是飞机上啊！

嗒嗒嗒嗒

呀！

哇呀！

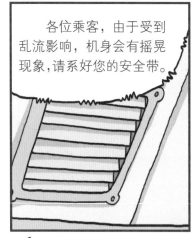

什么是"经济舱综合征"

飞机内部的空气不但干燥,而且气压和含氧量不到地面的80%,湿度也只有约15%,因此导致血液中的氧气浓度下降,血液流动迟缓,并且有凝固的可能。

要是血管中产生血块阻塞(即血栓)的话,小腿便会肿痛,而血块也有可能顺着血液流到肺部。一旦妨碍到血液循环,就会觉得胸口闷痛或呼吸困难,严重的甚至会造成心脏麻痹。

经济舱座位一般宽度只有大约85厘米,身体没有活动空间,长时间坐飞机就容易出现上述症状,所以被称为"经济舱综合征",专业医学用语是"深静脉血栓形成(DVT)"。

"经济舱综合征"的预防方法

长时间不动或保持坐姿,不仅是在飞机上,而且在搭乘其他交通工具时也会发生"经济舱综合征"。所以,只要有机会就尽量起身走动走动,座位下最好不要放行李,以便让脚有活动空间。

坐着的时候也可以做些伸展或弯腿的动作,例如将小腿垂直地面,将脚踝往上弯约3秒,再往下弯约3秒,反复做这些简单的动作,可促进血液循环。另外,还要注意摄取充足的水分,这样就可以预防"经济舱综合征"啦。

第二章

烦闷的飞行

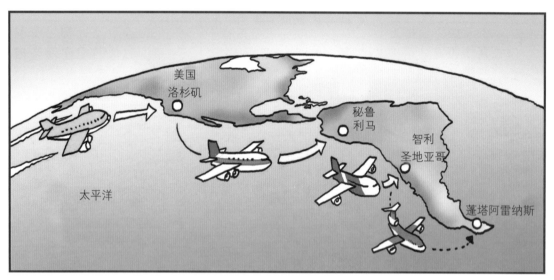

哎哟，现在我一听到"飞"这个字就头昏眼花！

太夸张了吧！

爸爸，干脆我们休息一天，到市区观光一下如何？

这点子不错哟！

不可以！

今天如果没搭上飞往蓬塔阿雷纳斯的飞机，行程就会耽误了！

这次可是要征服南极啊，你们这些家伙怎么这么没毅力！

连个飞行都忍受不了，那你们现在就卷铺盖回家好啦！

队长！

听说飞往蓬塔阿雷纳斯的飞机延误3个小时！

什么！

吐

又要等啊！

可恶啊，开什么玩笑！已经等得烦死了，还要等3个小时！我不管啦，叫负责人出来说话！

冷静点啊，队长！

队长真不像话！

爸爸！

轰隆

呃　唉　！　呼呼

别睡了，孩子们都不耐烦了，讲点笑话让他们开心一下。

我马上去，队长。

一直坐飞机，很无聊吧？

是啊！

你以为只有你们不耐烦吗？其实我也觉得忍无可忍，都快疯了！

我叫你讲笑话！

呃，快窒息啦！

叔……叔叔！

真激动！

好吧，说个有趣的小常识帮你们消除烦闷。

有趣的小常识？

你们知道我们搭乘的飞机是利用什么原理飞行的吗？

我只知道它装有引擎。

因为叫飞机，当然会飞啦！

我干吗要知道啊……

真是不长进的家伙！

就像小珠说的，飞机是利用引擎来产生动力的。

而飞机在天上飞的秘密，就在于它的机翼。

这儿没有卖饭团的吗？

待会儿再找饭团，先给我仔细听好！

啊！

啾

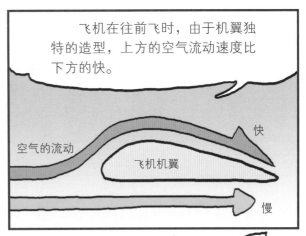

飞机在往前飞时，由于机翼独特的造型，上方的空气流动速度比下方的快。

快

空气的流动

飞机机翼

慢

这样一来，机翼上方的压力变小，机翼下方的压力变大，因此机翼下方产生往上的推力。

这就是"伯努利定理"啦！

咕

呼

起床！居然听睡着了！

哇啊！

叫你讲笑话，干吗上物理课啊！

15

蓬塔阿雷纳斯机场

这个……
那个……

……

把行李收一收，装到推车上吧！

对了……

有没有看到大同?刚刚他不是还在这里的吗?

这小鬼又上哪儿去了?

先把行李整理好再找他吧,应该待会儿就回来了。

好的!

刚刚还看到他的呀,大概去上厕所了吧?

该不会是跑到哪个角落睡觉吧?

咿呀!

这里面装了什么,怎么这么重?

探险装备本来重量就不轻啊!

……

做梦都没想到我躲在这儿吧?

这样就可以像行李一样被推着走了,我真是天才呀!

唰!

那是什么?

哇,有尸体啊!

让飞机飞翔的升力

看着满载乘客和货物的庞大的波音747飞机起飞,你会不会很好奇它是如何飞上天空的呢?

说明飞行原理时,一定会提到"伯努利定理",也就是"当流体(气体和液体)的流动速度增加,其压力就减小;速度减小,压力就增加"。请看看右上方的

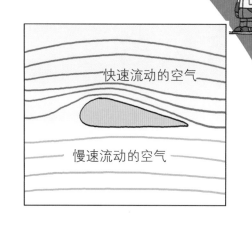

快速流动的空气

慢速流动的空气

机翼剖面图,你会发现上方弧形路线较下方长,这样就能让空气在机翼上方的流动速度比下方更快。因此,机翼上方的压力比下方小,压力差异就会形成升力,也就是从机翼下方往上推的力。

与飞机飞行有关的4种力

飞机向前飞要有推力,同时也有相反的摩擦力;往上飞要有向上升力,还有相反方向的重力。这4种力达到平衡,飞机就能以一定的速度和水平状态飞行。飞机飞行时可以借助调节升力的大小来上升或下降,也能借调节推力的大小来加速或减速。

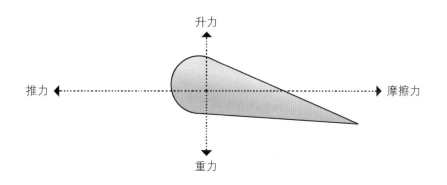

升力

推力 ←→ 摩擦力

重力

19

第三章

南极的入口

我……要……去南极啊!

已经等到头发都白了……

请再等一下!

PUNTAARENAS

不会吧,还要在这儿上课啊?

去南极爱国者山营地之前,要先上 ANI* 的飞行课程、气象信息和污染防治规定等说明课,还要测量装备重量才能出发。

搔头

原来如此!

要去南极不是那么容易的。

*ANI(Adventure Network International):ANI 是一家美国犹他州盐湖城南极物流探险公司,它建立的"爱国者山营地"备有飞往南极点的飞机,是南美大陆到南极点之间的中转站。

唉，坐了几十个小时的飞机，现在又要上课，烦死了！

忍着点。

什么？

你少在那儿啰唆，这都是为了我们的安全做准备！

砰！

哎哟！

叽里呱啦

哗哗

好多外国的探险队啊，爸爸。

那当然。

不只是探险队，还有为了其他目的而来的团队，也都要先在这里落脚。

举例来说，计划去南极挖宝的队伍也要在这儿上课吗？

挖宝？

好了，别管那个小鬼讲什么了，赶快进去吧！

根本不知道他在说啥……

又在敷衍我！

各位要克服的,就是南极的酷寒低温和暴风雪,还有……

接下来是要遵守的各种规定和视天气而定的飞行课程。

呼!

不会吧?来这里也睡!

尤其是南极的天气变化很大,随时随地都可能发生危险情况,所以一定要做好准备。

大叔,你骂一骂大同啦……

呼……

真是家族遗传。

真是的!

噗噜噜呼哈!

还有,在南极特别要注意……

噗噜噜噜呼哈!

噗噜噜呼哈!

装作不认识!

噗噜噜呼哈!

真是抱歉!

这几位朋友一点都不紧张吗?

韩队长,请你立刻叫醒他们!

这课程可是很重要的,还睡?

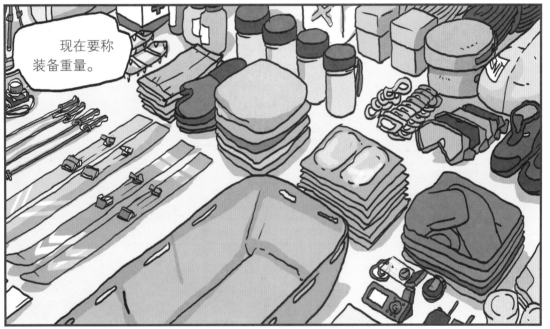

呵呵，我可是让他们受了 6 个月的严寒训练，应该足够啦！

没错！

还有这种倒栽葱的训练哟！

我才没有训练这种姿势！

丢脸！

嗯

抱歉。

总觉得有点担心……

装备检查通过了，把行李整理一下吧！

呃，一想到要把这些行李载到雪橇上就觉得好累！

一定要牢牢绑紧。

你还不过来帮忙？在南极你还偷懒的话可没人会帮你的，别想投机取巧！

别这样说我嘛……

被看穿了！

这全部都是冷冻干燥食品吗？60 天都要吃这些啊？好像很难吃的样子……

没错！

对了，我们干脆去市区买点零食带着吧？

不可以！

别异想天开了，行李已经多成这样，还带零食？过来帮忙啦！

知道了！

队长！

今天天气太糟糕了，飞机没办法飞行啊！

啊

嗯

没办法，今天就别飞了，等明天再说吧……

唉，害人家满怀期待……

第二天

哇，今天天气好棒！

可以出发喽！

报告队长，飞机引擎出故障啦！

今天的雾实在太大了！

伸手不见五指。

第三天

这已经是第几次取消啦？

呃，又要等啊？

去南极真难。

当地气候不好……

25

机场停留第四天

今天要是再取消的话,行程会严重耽搁的。

要去南极果然不容易啊!

真是丧气。

已经第四天了。

而且这场雾也不知何时才会散,我们只能在这儿等。

请问队长……

既然现在不能起飞,待在这里也是等,何不先来个市区观光呢?

不行!

爸爸,接下来的 60 天都只能看到冰河,让我们去市区逛逛嘛!

说得好!

小珠!

我们又不是来观光的……好啦,我带你们去啦!

嘻嘻!

哈,还是你讲比较有效……

那你留在这里注意一下 ANI 的天气预报……

老大,我也想去市区观光啦!

都快闷死了!

呜呜

这个叛徒!

昏倒!

好啦好啦,你带他们去逛逛,记得随时保持联系,可能会有紧急情况!

遵命,老大!

棒!

万岁!

唰

出来逛逛果然不错!

哇,石头做的,智利特产!

你要扛着那个在南极走 60 天吗?

真是重呀……

还是买点小孩子的东西好了!别买什么石头。

没错!

呼,还好没买!

真是到处都有麦当劳哟!逛了一圈肚子也饿了,要不要进去吃些什么?

McDinald'z

好!

大叔,麦当劳到处都有,来智利就应该吃他们当地的美食,不是吗?

世界最南端的城市——蓬塔阿雷纳斯

1520 年，葡萄牙航海家麦哲伦航海抵达大西洋沿岸，正犹豫是否要穿越南美洲和南极大陆之间的德雷克海峡到达太平洋。当时海面上波涛汹涌，于是麦哲伦下令先撤退至河口处，直到形势好转再出发。被认为是河的那条水道，不但曲折难行，而且时宽时窄，航行了一会儿，突然，麦哲伦和全体船员大声惊呼——出现在他们眼前的是一望无际的太平洋，后来那条水道被命名为"麦哲伦海峡"。

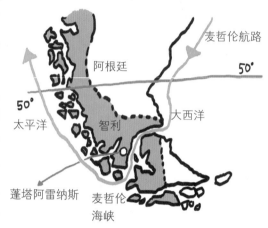

蓬塔阿雷纳斯是麦哲伦海峡的中心城市，也是南太平洋通往大西洋的联络港口，400 多年来极为繁荣。1914 年中美洲的巴拿马运河开通后，使得本来必须大老远绕过南美洲南端再通往太平洋的麻烦不复存在，因此蓬塔阿雷纳斯的航运作用就没那么显著了。

蓬塔阿雷纳斯

南极独家机场：ANI 航空公司

ANI 下设的航空公司是唯一备有飞机飞往南极大陆的民间机构，除了ANI 的飞机之外，出入南极的飞机都是南极科学基地的科学家或基地员工所搭乘的军机，所以想去南极的探险家，只能利用 ANI 的飞机和航线前往。

将人员和装备运送至南极的费用超乎想象，通常一个人的费用就要约15 000 美元。这么昂贵的原因在于南极

参加 ANI 行前说明会的探险者

气候多变，可能飞行几小时又得折回，而且在南极着陆也很困难。再加上汽油在南极不易保存，因此飞机必须装满往返路程的油量，这些存放在飞机上的汽油造成相当的负担和危险。ANI 独占了南极飞行路线，使得探险家乘坐飞机到南极更不容易，还常会出现管制台无人帮忙、没有空管人员协助飞机在跑道上起降等问题。

蓬塔阿雷纳斯

文森峰　爱国者山　南极点
　　　　营地

ANI 飞行路线
ANI 在南极设有爱国者山营地，
提供飞往南极各地的飞行服务。

第四章

空中气阱

想不想尝尝南极冰的味道啊？

味道超棒哟！

轰隆隆隆 —— 隆

轰 轰

哎哟，好挤哟！

要这样挤6小时啊？

真不舒服

每个人行李都很多嘛！

要运送到南极的除了人员和装备以外，还有许多重要物资如油料，所以才会这么挤。

我看这次探险还没到目的地，光是坐飞机就累死了。

别说这种丧气话，像他们两个一样放松一下吧！

呼噜噜……噗哈……

睡得真舒服啊！

哦，这就是南极啊！

好像自己家一样。

呼呜——咻

注意，有空中气阱！

机身会强烈晃动，请系好安全带。

咦？

嗯？

叔……叔叔，飞……飞机怪怪的啊！

隆隆隆隆

呵呵，这没什么，是飞机碰到空中气阱啦……

保持冷静

呜哇哇，我们要坠机啦，快逃命吧！

安静！

哇啊！

哎呀呀

别大吼大叫的，什么坠机嘛，胡说八道！

赶快找安全门……

丢脸死了！

居然吓成那样！

我们只是遇到了会让机身下降的下沉气流！

下沉气流？

真的只是这样？

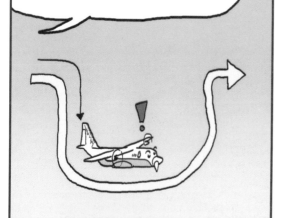

一般称这种气流叫"空中气阱"，因为下沉气流使得飞机失去原本支撑的升力，就像是跌入陷阱一样。

咚咚

过一会儿就没事了，快给我回去坐好！

不愧是冒险老手！

是，叔叔。

*C-130：指C-130"大力神"运输机，它由美国设计制造，主要用于大型货物和兵力的输送，可在平坦的非人工跑道上起降。

空中气阱

搭飞机时,你有没有遇到过飞机偶尔会剧烈晃动的情况呢?当飞机在天空中经过气流较不稳定的区域时,会因为忽然失去支撑飞机的空气团而产生剧烈的下降或晃动。这种情形就像天空出现一个口袋或陷阱一样,一般称为"空中气阱"或"乱流"。

让飞机压力减少的下降气流区域,可能是暴风产生的下降气流,也可能是由于高山或建筑物等障碍物形成的下降气流。不过在某些特殊地形的上空,即使晴空万里,也可能会出现强烈湍流,这种情形称为晴天乱流。

飞机几乎都飞行在距地面 10 千米的高空,通过乱流时,气体会剧烈波动,严重的甚至会使飞机跌落数千米。这时,若是不系安全带,身体可能会飞起来,导致头部撞到天花板而受伤。

ANI 的 C-130"大力神"运输机　南极爱国者山营地所使用的 C-130 多用途"大力神"运输机装备 4 个强大引擎,时速 612 千米,航程可达 4600 千米,可在短跑道上起降

第五章

爱国者
山营地

谁帮我关个灯好吗？

晚安！

我一直以为南极到处都是企鹅，可是，怎么会有这么多人呢？

哈哈！

是雪上摩托车！

噗呜！

这是南极唯一的民营基地，之前一般民众只能乘船前往南极。

哇，划这么远的船啊！

不论是像我们这样来南极探险的人，还是生态学、气象学和从事地质研究的学者们，都要先到爱国者山营地做准备。

原来如此。

对了，莫村上哪儿去了？刚才就没看到人……

是啊？

噗呜！

快让开，这玩意儿停不下来呀！

噗呜呜

惊吓

哇啊！

哎哟！

啊！

叭叭叭叭

啊，差点酿成大祸！

幸好我反应灵敏，大家才能奇迹般毫发无损。

哇，哈哈哈！

料料

你这个家伙，可恶！

你实在很麻烦!

好嘛!

难得来一趟,当然就要多留念嘛!

好啦,稍微退后一点,再退……

咦,人呢?

哇,天哪!

谁在这里设陷阱啊?

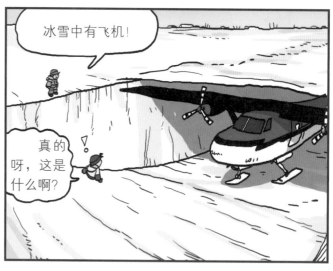

冰雪中有飞机!

真的呀,这是什么啊?

这是可乘坐12人的轻型飞机,又叫"南极计程车"。

冬天不是观光旺季,所以就把飞机藏在冰雪中,这冰雪就是天然的停机棚!

原来如此

南极新鲜事真多哇!

叔叔,你过来干吗?是担心我们吗?

猜错了,我是来拍照的,嘿嘿!

这两个还真是一家人……

比想象中的好吃！

真的？

明天早上就要出发了，这可是临行前的大餐哟！

往后都要吃干燥食物了。

嗯。

咕噜！

啊！

你们不要客气，多吃一点啊！

嗯

好

既然队长这样说，虽然已经很撑了，还是再吃一碗吧！谢谢队长！

那我也要再来一份。这里再来两碗！

哇啊啊！

还要再吃啊！

晕倒

吃得真过瘾！

吃饱就好啦！你们这两个家伙，经费都被你们吃光啦！

是你叫我们多吃一点的嘛！

嘻嘻！

这里距离南极点有1000多千米。

这趟路途在60天内只有一次补给。

听起来有点恐怖。

哇,真远哪!

哇,这么远?

我这个探险老手,就算没有补给,12小时也能走25千米,不过跟你们一起只好慢慢走啦!

又在吹牛!

到了南极点会看到什么?

看到"点"?

喂!

会看到阿蒙森—斯科特站以及标志南极极点的杆子。

这个站就是以1911年至1912年先后征服南极点的两位探险家的名字命名的。

为伟大的探险家干杯!

后来,与阿蒙森竞争的英国探险家斯科特也到达南极点,但却晚了一个多月,失望的斯科特等人只好返回,但是因为食物和装备不足,再加上天气恶劣,在返回途中全部遇难,成为探险史上的一大悲剧。

挪威的极地探险家阿蒙森,由于有充分的准备,在1911年12月14日成为历史上第一个抵达南极点的人。

南极的中转站——爱国者山营地

　　爱国者山营地是 1987 年由美国犹他州盐湖城南极物流探险公司建设的一个民间营地，只在南极适合探险的夏季启用。爱国者山位于南纬 80°15′，西经 81°20′，海拔高度 1000 多米，距离南极点 1000 多千米。冬季最冷可达 -40℃，夏季最高为 -15℃。ANI 一般情况下用一种被称为"南极计程车"的轻型飞机，进行人员和物资输送。

在被冰雪覆盖了一半的帐篷后方，就是爱国者山营地

营地的用餐帐篷

两位南极探险家的竞争

南极于 1819 年被发现之后,就成了探险家们的目标,其中最有名的是 1911 年底到 1912 年初之间,阿蒙森和斯科特的竞争故事。

利用狗拉雪橇的阿蒙森

挪威探险家阿蒙森在仔细研究过爱斯基摩人的雪橇犬后,认为狗拉雪橇是最佳的运送方式。于是,1911 年 10 月 20 日,阿蒙森探险队队员搭乘 4 架由雪橇犬拖行的雪橇,朝南极点出发。他们总共带了 52 只雪橇犬,如果有雪橇犬不幸死亡,他们就分食狗肉继续前进。阿蒙森于 1911 年 12 月 14 日下午 3 时,成为历史上第一个抵达南极点的人。

阿蒙森

利用马拉雪橇的斯科特

英国探险家斯科特探险队于 1911 年 11 月 1 日出发,他们利用耐寒性强的西伯利亚矮种马来拉雪橇。但是这种马还是无法适应南极的酷寒,没多久就陆续死了,队员只好轮流拖着雪橇前进,加上服装和装备不够齐全,使得队员饱受冻伤之苦。斯科特探险队于 1912 年 1 月 17 日到达南极点,可惜那里早有一面阿蒙森所插的挪威国旗飘扬着。回程途中,斯科特探险队终于挨不过寒冷和饥饿,全体队员无一生还。

斯科特

第六章

开始长征

砰

出发！

你忘记带行李啦！

马上就要开始长征了，幸好风不大，而且还蛮暖和的。

就像老天爷也在为我们的这次挑战加油打气啊！

虽然你们都知道，但我还是要重申一次，极地探险是一场无止境的自我挑战，希望大家都能克服困难，尽力完成。

是！

是！

各人负责的部分和之前分配的一样，探险老将杨莫村负责领航和装备。

哼嗯！

小珠负责医疗，大同负责炊事，每个人都必须尽到自身职责！

队长！

请问，为什么队长自己没有负责的部分呢？

那你来当队长嘛……

是啊，我也一直很纳闷……

想偷懒吗？

昏倒

我可是管理探险队一切事务的队长！

真是欠骂！

是！

别再说蠢话了！

唉，一紧张就弄不好。

莫村打头阵,后面是大同,小珠和我殿后,每隔两小时交换队形,明白吗?

是!

来,预祝我们成功,平安征服南极点!

加油!

万岁!

哈哈!

居然有小孩参加,真了不起!能成功走完吗?

啪啪啪

一定可以的,真是厉害!

他们很有实力的!

准备也很充足!

祝你们好运!

多谢!再会啦!

哎哟,累死了……怎么觉得雪橇越来越重!

这样就嫌累,怎么能在60天内走1000多千米啊?呜啊,想到就头皮发麻!

驾着雪橇穿越雪地,真爽快!

哼,什么驾着雪橇穿越雪地,干吗乐成这样?

你说什么?

你竟然小看我的滑雪技术!

你有什么值得我尊敬的呢?

好吧,我今天就让你见识见识!

?!

紧握

嗒嗒嗒嗒嗒

咦?

竟敢小看我这滑雪专家。

呼呼!

喂,走慢点啊!

干吗突然跑这么快啊?

呼哈!

叔叔!

哇哈!

爸爸,他这么快我们根本跟不上。

带头的到底在干吗?

跑太快,没办法呼吸啦……大同,给我一点水……

这两个人打头阵还乱来……

谁叫你跑这么快!

自作自受!

这两个人真是的!

你明知道带头的人很重要,怎么可以随便乱跑?我们全体会因为你一个人而乱了步伐啊!

真抱歉,队长!

都是因为大同这小子……

怎么又扯到我啊,叔叔……

不要吵!

而且你有没有注意到自己一直偏左边走？

我吗？没有啊！

我一直专注地往前走，不可能偏左啊……

这是因为你有"右撇子徒步习性"。

呼噜

右撇子和走路有什么关系啊，队长？

右撇子通常也擅用右脚，行走时为了让右脚自由地走，便会用左脚主导身体重心。

因为一直要施力于左脚，身体就向用力的一方倾斜，也就不自觉地向左走了。

我向左走？真的吗？

平常可以闭上眼睛走走看，右撇子就会向左偏，左撇子就会向右偏。在沙漠或南极这种没有景物做参照的地方，这种现象会更明显。

少啰唆！

叔叔这种探险老手也会啊？

好，吃过饭了，也休息够了，继续出发吧！

稍等一下，队长。

怎么了？

有件事我一直很好奇,现在正好做个实验。

实验?

就是想试试看在南极小便会不会马上结冰。

无力!

看来这小子在南极探险一点都不紧张。

这个我也想知道……

真是的,原来是这种事!无聊!

这里还不错。

别在这里!

那这里可以吗?

你走远一点!

再过去一点!

干吗神经兮兮的……嘿嘿!

就在那里!

嘘——

唉,和想象的不一样,尿到地上才结冰。

真失望!

嘘嘘嘘——

待会儿等气温下降我再试试看。

右撇子比较多哟

在陆上的运动项目中，只要有绕圈跑的相关规定，方向一定是逆时针的。像棒球跑垒、滑板甚至赛车等，比赛行进方向都是如此。

之所以这样规定是因为世界上大多数人都是右撇子，而大部分右撇子都擅用右脚，反之左撇子则擅用左脚。擅用右脚的人自然会用左脚立定重心，左转时会比右转幅度大，所以逆时针从右往左跑的比赛能最大限度地发挥运动员的潜能。

如何知道右撇子是利用左脚支撑重心的呢？我们可以用实验来证明。例如右撇子穿裤子时会先用左脚撑着地面，从右脚开始穿起；如果将两个体重计各放在两只脚下量体重，左边体重计的重量往往会比右边的重。

第七章

前人留下的痕迹

再等一下嘛！

饭何时才会煮好啊？

我现在才知道为什么要变换队形，因为判定方向和打头阵真是累人啊！

呼 呼

呜哇！

唰——

滑滑滑

？

呜哇哇！

咚隆隆

呃啊！

怎么了！

小心一点啊！

带头的这么不小心，我们怎么跟着走啊？

啊，我的头！

连判定方向都做不好，歪七扭八地蛇行，我们跟得快累死了！

你不安慰我就算了，少说两句行不行啊！

我也想好好带路啊，就是想回头看看你们才会滑倒嘛！

这句话是褒还是贬啊？

我看大叔来带路都比你强。

那换你打头阵啊，我倒要看看你有多厉害。

走着瞧！

咻咻咻咻
咻

咻咻咻 咻

风越来越强了。

不但天气转阴，气温也下降了。

咻咻咻咻

哇啊！雪橇老是跑到旁边去！

那是因为风一直把雪橇吹向旁边，我们现在只能慢慢行进了。

哎哟,伟大的带头老大走不动了吗?

要走的路还长着呢,看来小珠来带路也还是不行啊!唉,果然不出所料……

什么?

哼哼

小·鬼们又开始斗嘴了。

今天就到此为止吧!

啥

天气看来会持续恶化,我们还是早点休息好了。

好险!

是,爸爸!

队长!小珠打头阵才30分钟,就要休息啦?

你说什么?

不管谁打头阵,必须休息的时候就要休息,知道吗?

让你逃过一劫,真不服气。

哼,我不会比你差的!

不会因为她是你女儿,你才偏袒她吧?

偏袒什么?快点去准备帐篷!

一定是这样!

是的,队长。

今天花了 8 个小时，总共行进了 5 千米。

第一天有这样的表现，算不错了。

叔叔，你拿的是全球卫星定位装置吗？

咻咻咻

没错，这就是 GPS！

它的原理就是将二维空间的三角测量法，套入真实环境的三维空间中。三角测量法就是利用已知的两个点 a 和 b，与未知的点 x 之间的距离来求得 x 点的位置。

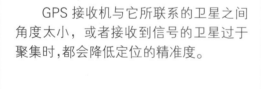

GPS 接收机与它所联系的卫星之间角度太小，或者接收到信号的卫星过于聚集时，都会降低定位的精准度。

呀呀很惊人吧！

……

一个字也没听懂。

这个笨蛋！

对大同来说完全就是对牛弹琴。

来，抓好帐篷的边角，然后张开并固定住。

因为南极的风很强，所以必须一口气把4个角固定住。

别拖泥带水的，赶快拉好！

你去抓那边啦！

你过去啦！

把入口设在背风面，再把桩脚钉固定，完成！

把雪橇跟桩脚绑在一起，既可以固定又比较安全。

最后再把滑雪板和滑雪杆插入雪地深处，就大功告成啦！

哎哟，累死啦！

这一刻是最幸福的。

大家都辛苦啦！

比想象的舒服哟！

大同，你不是该去煮饭了吗？怎么躺在那里睡觉呢？

咦？

先让我睡一下，晚点开饭没关系吧?

现在马上去煮饭!

肚子快饿死啦!

好啦，去就去嘛!

哼

先去外面挖点雪进来!

真烦人啦!

煮好还不是你吃得最多!

我越想越觉得做饭是最烦人的工作，要跟谁换呢?

咻咻

抖抖

真冷

爸爸，把雪融化当饮用水没关系吗?

没问题!

呼

南极可以说是世界上最干净的地方，连病毒都没有。

连病毒都没有?

因为这里没有人类居住啊，加上气温这么低，病毒不容易散播。

哇，所以就算再冷也不容易生病啰!

不过，还是要注意冻伤。

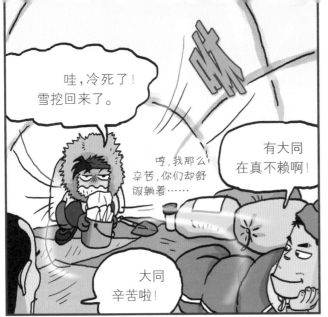

GPS 全球卫星定位系统

GPS 全球卫星定位系统是由 24 颗人造卫星和地面站组成的全球无线导航与定位系统。GPS 系统使得在全球的任何地点、任何时间都可观测到 4 颗以上的卫星，以保证卫星可以采集到该观测点的经纬度和高度，以便实现导航、定位、授时等功能，可以引导飞机、船舶、车辆及个人，安全、准确地沿着选定的路线，准时到达目的地。

携带型 GPS

在一个地点上可以同时看到 4 颗卫星，接收各卫星发送的信号便可得知自身所在的位置。GPS 早先只用于军事，后来才开放给普通民众使用，探险家和航海家尤其经常使用。

GPS 的原理

在二维空间已知两个点 a 和 b，把未知的第三点称为 x，利用 a、b 的位置和 x 之间的距离，可以求得未知点 x 的位置，这种方法即是三角测量法。

三角测量法也可以拓展至三维空间，需要已知的三点，将我们欲知的点设为未知的 x，通过卫星与未知点的距离信息来掌握 x 的正确位置。

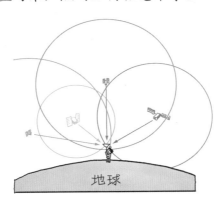

地球

第八章

神奇的雪丘

是谁又把雪堆到别人帐篷前面!

小心不要被我逮到!

咻咻咻
咻咻咻咻

外面的风听起来还真不是开玩笑的。

啪啪

啪啪

风真大,好像都快把帐篷吹翻了。

啪啪

啪啪

风这么大,还睡得着……

清晨5点，连太阳都没出来，再让我睡一下啦……

喂……

哦，好痛苦！

自从到了南极，就一直是白夜，根本没有天黑啊！

对呀……

哼，那你倒是说说为什么会有白夜啊？

就是……那个……

你也不知道，还敢不懂装懂！

一起床就斗嘴……

白夜发生在靠近两极的高纬度地区，有时黄昏还没有过去就呈现黎明的现象。

白夜现象的发生，原因在于地球自转轴与公转面呈23.5°倾斜角，因为太阳总是在地平线附近绕行，不会发生日落现象。

23.5°

所以南北极一年中有6个月是永昼，另外6个月是永夜。

原来如此。

我怎么都听不懂……

可是,队长……

嗯?

我又不是问你,我是在问小珠啊!

真抱歉哟!

真啰唆!

你到底想要怎样?

呼,冷死了!

比昨天又低了10℃,现在只有−30℃,风也很强。

你嘴巴旁边都结冰了。

今天大家都要穿厚一点,还要戴上防风镜!

是!

这样就万无一失了吧?

你是木乃伊啊?

真是笨蛋

手脚没办法活动

他真是一点都不紧张……

不要再闹了,快去挖雪啦!

真是一群没幽默感的家伙。

咻咻咻

咦?

这是什么?

里面埋了什么?_

这……
难道?

哇啊!

叔叔!队长!

呼呼

帐篷外面有一座雪堆成的坟,可能有人不停赶路,然后就累死了。

坟?

哈哈!

什么坟?昨天没看到啊……

那不是什么坟,是暴风雪吹过帐篷留下的雪堆啦!

是吗?

哈哈,瞧你吓成那样!

吃光光!

吃下热腾腾的食物感觉真好!

吃太饱,先睡一下吧!

先去打包当午餐!

好了,吃饱饭该出发了吧?

这个懒鬼!

我那份多装一点啊!

我可是很公平的。

南极的紫外线很强,容易被晒伤,大家多涂一点防晒乳液。

好!

大同,你涂得太多了吧?适可而止哟!

要做最完美的保护嘛!

真是爱胡闹!

你也涂那么多干吗?防晒乳液很贵的,省着点用!

一家子都有毛病!

我要保持完美的肌肤

呵呵

怎么可以学我!

这种天气才叫南极的天气嘛！

呼 呼

咻咻咻

连面前都看不清楚！

风好冷，连肺都快结冰了……

咻咻咻

已经走了两个小时，确认一下方位。

暂停！

哈哈，你看起来变得好老啊！

什么？

你还不是一样，鼻子都结冰了！

哈哈，你也是啊！

你们俩不要再玩了！

哇哈哈哈······

笑什么？真搞不懂你们！

哈哈哈哈······

哈——吃午餐前拍张纪念照吧！

嘻——

如同白天的夜晚——白夜

在地球上,越往南极或北极的方向行进,冬夜或夏昼就越长。所以在南、北极圈(南、北纬 66°30′)更高纬度的地方,就会有 24 小时太阳不升起或不落下的日子。南极点和北极点附近,一年大约有一半时间是白昼,一半则是黑夜。而在极地的夏天,由于太阳的高度高,所以到了夜晚,即使太阳落得再低,我们依然可以看到阳光,所以夜间相当短暂,傍晚只会持续一会儿的昏暗便恢复明亮,这就叫白夜现象。

为什么会有白夜

白夜的发生是因为地球自转轴与公转平面呈 23.5°倾斜角,因此不论地球怎么转,在南、北纬度 66.34°~90°的地区依然可见太阳高挂空中。

在北冰洋拍摄的白夜　在极点附近,太阳每天在地平线附近不只运行一圈(这是用特殊方法拍摄到的太阳升降的轨迹)

77

第九章

波状雪脊

哇啊!

呜哇,风实在太强了!没办法再向前走啦!

咻咻咻咻

呼呼！

队长,大同似乎快撑不下去了!

！

好，那换你去打头阵。

咻咻

是！

大同,现在开始由我来带头,你就跟在我后面吧!

太好了！

风实在太强了,我根本没办法前进。

这简直就是"暴风雪"了。

常见的南极风雪是夹带着雪花的速度每秒14米以上的强风,你当然会挡不住了。

一直吹着强风，感觉更冷了，可以走慢点吗？

被强风吹袭，体温当然会下降。在南极常有暴风雪，这种时候更要咬紧牙关往前冲！

咻咻咻

才走没几天就说这种丧气话，快走！

是……

啪啪啪啪

呼

呼

在后面果然比打头阵轻松多了。

呼

咻咻咻

真是一望无际呢！

真的好像波浪哟……

这就是传说中的波状雪脊吗？

波状雪脊是风吹过而产生的波浪状雪丘，看起来就像层层相叠的波浪。

从南极海岸一直到南极点，都可以看到它的踪迹，规模最大的雪脊高度可达3米。

下坡路段很滑，雪橇可能会撞到脚跟，大家要小心一点，知道吗？

好！

接下来由队长带头吗？

这……

没错，这里相当危险，所以我来打头阵，莫村殿后。

好！

终于有点队长的样子了。

准备出发!

嘿咻

你这个家伙!

不要讲得那么直接嘛!搞得队长多没面子啊!

哈哈!

少说废话,出发啦!

别冲动嘛,爸爸。

呼

既要坚持直线前进,又要开出平缓路线,真不简单!

呃啊啊!

唰唰!

哇啊!

咻咻咻

嘿咻!

点心老是甜食，都吃腻了。

我也是，好想吃火锅。

穿越波状雪脊会比在其他地方更耗体力，在南极探险时，成人一天要摄取 4000 卡到 5000 卡的热量，这可是平常的两倍。

在这种环境中只摄取一般热量是不够的，身体如果热量不足，就会消耗体内的储备来获得能量。所以再腻也要多吃一点，摄取足够的热量。

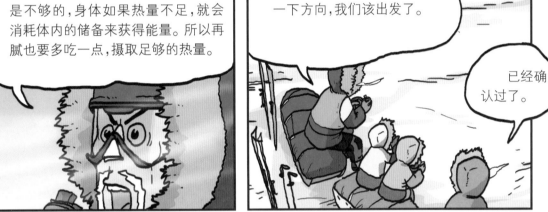

莫村，你用 GPS 确认一下方向，我们该出发了。

已经确认过了。

咻咻咻咻

呃,想尿尿。

噗呜

呼噜

可是听到外面的风声就不想出去……

呼噜

唉!

干脆趁大家熟睡时,在这里尿吧……

刚好有个空瓶子!

呃,怎么这么渴?

起身

吓

水瓶呢?在哪里?

闪亮

倒下

原来在这里!

啪

结冰的波浪——波状雪脊

南极大陆是世界上最冷、风最大的大陆。地面冰雪被强风吹成一座一座的冰丘，乍看之下就像由冰雪组成的海面，这就是波状雪脊。波状雪脊地形在南极大陆分布广泛，雪脊最大高度可达3米。

风向不同，雪脊的走向也会不同

波状雪脊是自然界中最美丽的风景之一，也是摄影师最喜爱的景色之一

世界上风力最大的地区

南极不仅是世界最冷的地方，也是世界上风力最大的地区。那里每年8级以上的大风约有300天，年平均风速19.4米/秒。

在南极现存记录中，最强的风速高达100米/秒。风速达到25米/秒时，整个人都会被风所笼罩，行走起来非常辛苦；达到35米/秒时，人会觉得呼吸困难；若是达到40米/秒以上，就连强壮的成年男子都有可能被吹走。

南极风暴之所以如此强大，原因在于南极是块冰雪覆盖的高原大陆。这块大陆四周被大洋环绕，常年受极地高压控制，陆地气温比四周海洋低得多。这种情况在冬季更明显，而风速的快慢与气压大小密切相关，压差越大，风速越快。南极烈风在到达南极高原边缘的陡坡地带时，随地势急速下降而迅猛下泻，这样就形成了南极大陆特有的风暴。

南极洲科学基地外的暴风雪

第十章

失去方向

哇,好严重的雪盲啊!

喂,把防风镜擦一擦……

第10天早晨

再走15天,过了这段山脊后就会到"地表裂缝"区,横越那段地区约需3天,接着再走一个星期就到达"T山丘"。

哇,好远哟!

在"T山丘"进行补给,再走大约20天的平坦地形就到达南极点啦!

我还以为南极全是平坦的地形,怎么会有山脊呢?

光是平地就够累人了!

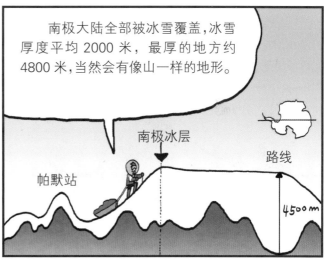

南极大陆全部被冰雪覆盖,冰雪厚度平均 2000 米,最厚的地方约 4800 米,当然会有像山一样的地形。

南极冰层

帕默站

路线

4500 m

我再多介绍些关于南极的事:南极有地球上 91% 的冰和 70% 的淡水。

好熟悉啊!

平均海拔 2350 米,是地球上平均海拔最高的大洲。

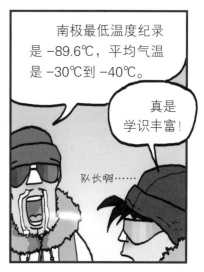

南极最低温度纪录是 −89.6℃,平均气温是 −30℃到 −40℃。

真是学识丰富!

队长啊……

这些知识好像在 ANI 的课程上就听过了吧?

真是漏气!

对呀!你居然听到了!

你上课时不是一直都在睡觉吗?

爸爸,现在开始出现山地了,会不会爬得很辛苦呢?

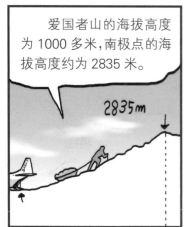

爱国者山的海拔高度为 1000 多米,南极点的海拔高度约为 2835 米。

2835m

现在高度是 1500 米,要走的路还很长呢!

大家只好辛苦啦!

这还要你说吗?

呼……

累了吗?你那份点心应该吃不下了吧,不如给哥哥我吃。

想得美!你多吃点冰块吧!

不吃点心会没力气的。

挖冰的痕迹

冷死了!快把冰块拿出来啦!

好身手!

糟了,我好像有雪盲症了。

开始出现雪盲了,小珠,你缩短和大同之间的距离。

是,爸爸。

为什么会发生雪盲呢?

在极地,由于通过阴天云层的光,在冰的表面和云层之间相互反射,导致物体没有影子,所以很难判别地形和景物。

一旦发生雪盲,天空和地面的高低远近全都分不清楚。

哇,那走了多远也不知道喽?

你不用担心,信任我这个老手就对了。

在这种困难的时刻,你应该相信叔叔的能力……咦?

小心点,那里很滑。

扑通!

呜哇!

滑倒!

我到底可以信任你什么啊……

第30天下午

咻 咻 咻 咻

呜哇!

雪盲让我们连走了几米都不知道……再加上强风,真是雪上加霜。

唉,真命苦!

呼 呼

到底是走在天上还是地上都分不清楚,以前的探险家竟然能挨过这种时刻,真是令人佩服!

咻 咻 咻 咻

风又转向了。

大同啊，别走了！在这里扎营吧！

不知道何时会走到地表裂缝区。我的雪盲症也越来越严重了，今天就到此为止吧！

好。

得救了！

呼

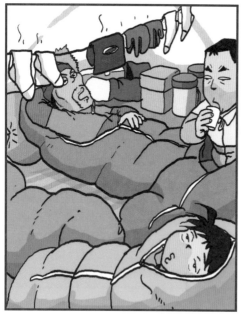

不知何时开始，大家到了休息时都累得无力交谈……

连我都没力气说话了，还是睡吧……

第31天早晨

呼啊，今天天气真好！

来做点准备……咦？

巨大的冰盖大陆

南极洲包括南极大陆及其周围岛屿,面积大约为 1400 万平方千米。南极洲 98%的地域被一个直径约为 4500 千米的永久冰盖所覆盖,冰盖贮冰量约为 2500 万立方千米,占全球冰总量的 90%,如全部融化,全球海平面将上升 50 米~60 米。

《南极条约》

1959 年 12 月 1 日,英国、澳大利亚、美国等 12 个国家的代表在华盛顿签署了《南极条约》,适用于南纬 60°以南地区,主要内容规定南极仅用于和平目的。可以说,南极不属于任何一个国家,它属于全人类。

南极收敛线

所谓南极收敛线是指南纬 54°~62°的地区,此处是不同温度和盐分的海水相互连接的地方。收敛线以南的海水比收敛线以北的海水更冷,暖水和冷水无法相互融合,因此造成不同的海洋生态。南极收敛线以南的南冰洋、岛屿和南极大陆都被视为南极区。

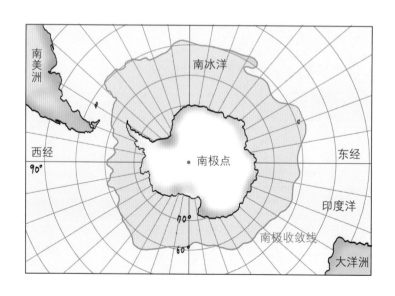

南极洲上的这个直径约为 4500 千米
的永久冰盖，其平均厚度是 2000 米，最厚
约 4800 米。

南极冰盖分为三部分，以南极中段山
脉为基准，分成东南极冰盖、西南极冰盖以
及较小的南极半岛地区。在东南极，三分之
二的冰盖覆盖着海平面以上的陆地；在西
南极，冰盖大部分都位于海平面之下。

南极冰盖会像河水一样随着倾斜的地表流动，越接近海岸流速越快；内
陆冰盖每年可形成 2 米～3 米厚，会流动成 1 米～1.5 米的海岸冰架。冰盖往
海岸流动的同时也会填平低地，所以冰架一带是平坦的。冰盖如果破碎，就
会形成只有在南极才能见到的桌状冰山。桌状冰山小则数百米，大的甚至可
形成长 100 千米、面积超过 1 0000 平方千米的巨大冰山。

第十一章

裂缝地区

救……救我
救……我！

叭叭

嘎嘎

第32天早晨

哇！深不
见底！

根本无法想
象到底有多深。

下面该不会是
地狱吧？

说不定……

小孩
子就是小
孩子。

来，快
点出发吧！

已经延误
不少时间了。

问题是怎么越过去啊?

对啊!

难道就在这里等裂缝合起来吗?

我已经准备好路线中经过的裂缝地区的卫星照片,只要避开就行了,哈哈!

小鬼们真胆小。

这样我就放心了。

不过,小的裂缝或是有冰雪覆盖的"隐藏式裂缝",照片可是拍不到的哟!

呵

连我这个老手都不知道,更别说你们啦……掉进裂缝中可是连尸体都找不到的!

不要再吓他们了!

不,我不走了……

我不想死。

运气好一点,也许100年后会找得着。

那好吧,往后3天的裂缝地区就由你打头阵!

什么!

嘻嘻嘻!

嘿嘿嘿,好棒!

不要啦,队长!哪有这样的,你不是说要避开吗?

你不是老手吗？这种小事应该很容易吧？

做不到还敢自称老手？

是啊,这不算什么吧?

抓

抓

吵死了!

在这种地带行走,必须用滑雪杆敲击地面来确认是否有隐藏式裂缝,小心谨慎地慢慢前进。

要是不小心掉下去,会被雪橇的重量拖进裂缝底部哟!

……

一辈子也回不了家了。

哇啊啊!

叔叔!

不要啦,我不想死在这儿啊!

别说没出息的话!

慌乱

紧张

我看他应该是想象力太丰富了……

原来你叔叔这么胆小。

他在想什么呀?

队长,把滑雪板卸下来再走好吗?这样实在很不方便。

这就是裂缝地带啊！

好像小型沙漠。

真可怕！

弯弯曲曲的，像肠子一样。

爸爸，好像很危险，不能回头吗？

穿越这种小型裂缝地带已经算轻松的了，回头只会浪费时间。

而且你和大同的燃料、粮食、行李重量都减轻了，你们体重也轻，不会有危险啦。

真的吗？

出发！

还是很不放心。

咻 咻 咻 咻

刺

刺

啪

刺

每一步都得这样测，真是麻烦。

刺

104

破裂

！

哗啦啦

是隐藏式裂缝！

我们找比较窄的地方走,队伍间隔要拉近,大家小心一点！

差点就完蛋了！

是。

呼——吓
死人了……

不行，不能完全相信队长,我要亲自确认。

必须仔细地确认！

咦?

刺

刺

冰川上的隐形陷阱

当冰川的源头（山顶）不断地下雪，大量的雪会累积到冰川之中，并推挤冰川里面的冰，造成冰川的移动。冰川的流动速度相当缓慢，平均一天只能移动约40厘米，最快一天可以移动5米。

冰川在流动时，因为地形或岩石分布等因素，在同一条冰川中会出现不同的流速。一般来说，冰川源头和下游的流速比中游地带快。由于冰川各区域的流速快慢不同，而且冰川上层的冰比较脆，在流动过程中与两侧河床发生剧烈摩擦，就会在冰川表面产生许多裂缝。一般而言，冰川裂缝的宽度大约20米、深40米，长度则为数百米，根本无法轻松地跨越，所以是对南极探险家的一种体能挑战；若冰川裂缝被雪覆盖起来，就变成隐形的陷阱，必须更加小心谨慎地攀爬，否则会受困甚至丧生。

冰川裂缝旁研究裂缝的科学家

第十二章

意外发生了

啊！走错路啦！

第33天下午

在裂缝地带走了3天，大家已经驾轻就熟了。

嗯？

除了大同以外……

绊倒

啊！

哎哟，你小心一点啦！

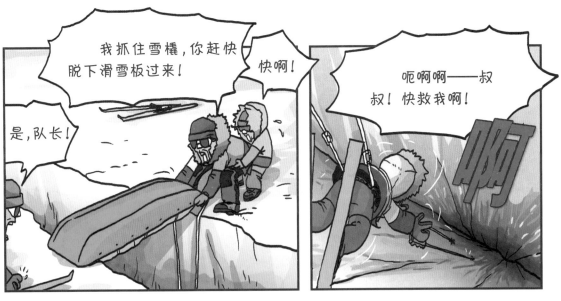

大同渡过危机,我们也脱离了裂缝地带,今晚就吃点特别的,来煮泡面吧!

可以吃期待已久的泡面啦!

哇——太棒了!

泡面

竟然还尿裤子,真丢脸!为了你一个人,害得我们浪费了好多时间。

什么?

哼,本人因为运动神经发达才得救的,如果是你这个笨家伙,恐怕早摔死了吧?

喂,掉下去的可是你!

你们再吵下去,连泡面汤都喝不到喽!

锵锵——南极特色大餐:无污染冰块煮的泡面!

哇!一定很好吃!

好香啊!

哇——煮得不错嘛!

113

通过冰川裂缝的方法

几乎所有的冰川上都会有裂缝,尤其下雪后,裂缝表面会被雪覆盖而形成危险的隐藏式裂缝。依据裂缝的规模和地形的不同,穿越的方式也不相同。

绕 道

碰上规模大的裂缝,绕道通过才是最佳方案。

利用梯子

宽度较窄的裂缝,可以固定好梯子再通过。

穿越雪桥

碰上需要绕道的裂缝,也可以试着找寻有无连接的雪桥,这时要尽可能做好跌落的应对策略。打头阵的人越过裂缝后,其余队员一定要正确无误地跟着他的步伐通过。雪桥的支撑力会受到气温影响。在寒冷的冬季早晨,可以支撑卡车重量的雪桥,可能在过了中午之后因本身的重量都无法支撑而崩溃。

第十三章

隐藏的宝藏

补给之后当然很好，不过行李又变重啦！

第34天早晨

呀呼！

看到"丁山丘"啦！

真的啊！

看来我们没有走错路。

不好意思，应该说是我没带错路！

116

像我这种方向感和判断力很棒的人，这根本不算什么难事……

阿阿

"T山丘"就是补给站喽？可是这么大的地方怎么找补给品？

竟然没人听我说话！

转身

晕倒

别担心，ANI会将"T山丘"附近埋有补给品的地方插上标志旗帜。

旗帜？

只要找到旗帜就有补给品了？

对啊，就像寻宝游戏一样。

哇，寻宝游戏！

去吧，找寻隐藏的宝藏！

出发！

呵呵，小孩子只要听到寻宝游戏，就高兴得不得了，对吧？

小鬼，给我等等！宝物全是我杨莫村大爷的！

哇——

呀嗬！

连大人也一样……

不是宝物，是补给物资呀！

在南极，要是天气好的话，前方数十千米都一目了然，真神奇！

呼 呼

和无限延伸的冰河比起来，我真是太微不足道了。连地平线上的物体看起来都比实际的显得又大又近，大概是因为没有挡住视线的障碍物吧……

哎哟，走了这么久，怎么还没到啊？

寻宝游戏还真困难……

呼 呼

南极的空气很纯净,连远处都看得很清楚,这么好的环境再累也要忍耐一下!

咦,这家伙今天怎么这么认真,是不是太累啦?

让我用望远镜看看四周……

还是掉进裂缝的后遗症?

在那里,看到旗帜了!冲啊——

要不是我带路,谁找得到啊?我可是在最困难的时刻,一步步解开难题呢!

那我就从泡面开始全部拿走喽!

啦啦……

嗒嗒嗒嗒嗒

他在乐什么啊?

看来我们不用帮忙挖了。

就等着看他怎么挖开硬冰吧!

哎哟——

爸爸，我都穿了5双袜子，脚的冻伤还是越来越严重！

这是难免的。

极地探险本来就很容易冻伤，所以即使再麻烦，也要把脚上的水擦干净才行。

嘻嘻，好痒。

真羡慕

叔叔,也请您帮我擦脚吧！

吸气……

叔叔！振作点啊！

咻咻

大同,你刚才不睡觉在干吗啊?

风怎么还没停下来呀……

咻

噗噗噗噗

恶心！

外面实在太冷了,我要忍到憋不住了再迅速冲出去上"大号"。

要放屁到外面去放啦!

出去!

好臭……

哎哟,忍不住嘛!

你想得倒好,可别人已经快窒息啦!

噗 噗

啊,终于有感觉了!

真是的!

说来就来。

嘻!

快

快出去

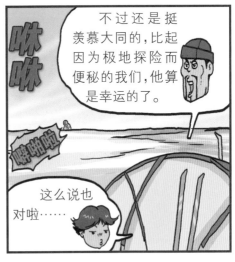

咻咻

不过还是挺羡慕大同的,比起因为极地探险而便秘的我们,他算是幸运的了。

嘟啪啪

这么说也对啦……

嗯?

我也出去一下。

真是适合极地探险的体质。

就是说啊!

他们真是一家人。

121

在南极容易患的疾病

南极是个天寒地冻、寒风刺骨的地方,在这里长期探险,很容易罹(lí)患各种疾病。

雪盲

南极的臭氧层已经遭到破坏,因此太阳的紫外线比其他地方更强烈,当太阳发出的紫外线照射到雪地上,再反射入眼中时,就很容易伤害到眼睛而引起雪盲。一旦罹患雪盲,眼睛会肿胀充血、视物不清,还会出现有如沙子跑进眼睛一般的刺痛感。为了预防雪盲,一定要戴上防护镜来保护眼睛。

冻伤

南极气温极低,加上强劲的寒风,皮肤只要暴露在空气中数十分钟就会冻伤。冻伤的皮肤会变成暗红色,并伴有刺痛感,主要发生在手指及脚趾末端、手背、脚背、耳垂、鼻子及脸颊等部位。

失温

当人体温度降到35℃以下时,人体即进入失温状态,全身的肌肉调节能力就会下降,步调变慢、思维能力也会下降,可能无法说话或是做出合理的判断;患者一旦进入失温状态,可能在数小时之内死亡。

便秘

在寒冷的极地探险时,由于运动量大增,摄取的水分比流失的水分少,加上低温使得长时间无法顺利通便,因此许多探险家都会便秘。

第十四章

地球气候
"时空胶囊"

请问您是哪位啊？

我是你叔叔哇！

在南极过了两个月，连长相都变啦！

第50天下午

咻咻咻咻咻

真是非比寻常的强风啊！

脸上被风吹得全是冰凌。

呃——哈个气都会结冰！

现在是 -27℃！

越接近极点气温就越低，再加上暴风雪不停地吹，身体感受到的温度可能低于 -50℃ 啊！

嘿咻！

忍受严寒已经够痛苦了，风又老是把雪橇吹歪，肩膀和腰都好疼啊！

暴风雪这么强，我还是慢慢走吧……

叔叔，还没轮到你带头……

应该要……

嗯……还是……可能……

叔叔，还没到换队形的时候啊！

不管什么事都志得意满的叔叔,在这种恶劣环境下也招架不住,看他好像已经精神失常了……

啊,炭火上的烤排骨!

油乎乎的五花肉,加上烧酒和无限畅饮的咖啡……

我要卡布奇诺!

呜啊啊啊,我想吃大肠粉丝汤、炒鱿鱼和烤肉啊!

啊,说错了!

咻

快开饭啊!

原来不是精神失常,是肚子饿呀!

虽然没剩多少路程了,不过这暴风雪还会持续几天,真不知孩子们能撑多久……

咚!

喂!

哎哟,我的腰啊!居然被风吹倒了!

我天才大同为何要到南极受苦呢?

快点走啊！

好神奇啊！

冰块上竟会有这种光……

你也来看看这块冰。

又怎么了？

你看看这冰块的颜色，很漂亮吧？

像宝石一样

天哪，好美哟！

就像新推出的冰激凌一样。

你除了食物就不能想点别的吗？

你们在干吗？

这里的冰块透着蓝光哟！

爸爸，你来看看，好神奇哟！

闪着蓝光的冰表示它的年龄很悠久。

冰也有年龄？

冰块长年累月受到暴风雪的洗礼，冰层之间的空气渐渐消失，冰的密度变大，所以500年以上的冰块就会发出蓝光。

还有，这些冰块相当滑，穿越这一带时要特别注意。

哇啊！

队长真不愧是经验老到、学识渊博的人啊！

我爸爸可是探险知识博士哟！

真不愧是我爸！

而且，南极的冰川可以说是唯一保存了过去地球环境信息的气候"时空胶囊"。

我知道……

以前南极上空的大气气体成分，以气泡的形态保存在因降雪而形成的冰川中。

我也知道……

研究这些气泡就能了解过去的气候，越深的气泡历史也越久，如140米深的冰块是大约4000年前形成的。

哇，4000年前啊！

真是超级古董！

别再浪费时间啦，快出发吧！

讲这些知识有什么用，征服南极才重要！呼呼，出发！

那些我也会说啊！

他是在嫉妒爸爸吗？

真没风度

你这个小子给我站住！

第55天下午

冷死啦!

哎哟!

左看　右看

随着日子一天天过去,我的冰肌玉肤也越来越糟……怎么办哪,呜——

其实没有很糟啦,只是很像饱经风霜的老奶奶*。

嘻嘻哈哈

什么?

你再胡说八道,我就把你的丑事宣扬出去!

我哪有丑事啊!

又开始吵了。

在高纬度的极地,太阳紫外线很强,所以皮肤容易受伤。加上南极的臭氧层破坏严重,紫外线就更强啦!

大胡子

啊啊

在南极,皮肤会受伤是理所当然的。

真是损害我的花容月貌!

呜,冷死了!

咕——

大同啊,准备煮饭啦,把火炉的油料加满。

土匪脸?海盗脸?

咕噜咕噜

129

别再加啦，漫出来了。

每天都要用掉 1 升燃料，没剩几天的分量了。

用漏斗倒还会滴出来，真笨……

本来就多准备了 10% 的粮食和燃料，现在只剩 5 天行程，足够了，放心吧！

来，开始煮吧！

已经流口水了。

啪

啪

呜哇！

轰轰轰

谁把打火机的火调这么大？大同，是不是你？

啊？

叔叔，你的胡子……

哎呀！

哇！胡子着火啦，哇！

全烧光啦！

拍拍

拍拍

别急，我来帮你！

保存地球环境信息的"时空胶囊"

从某种意义上说,南极的冰川并非单纯的冰块,还被人们视为保存过去千万年地球环境变化等宝贵信息的地球气候"时空胶囊"。地球环境变化的痕迹是如何保存在南极冰层里的呢?

冰川中的气泡

从南冰洋蒸发的水蒸气变成冰雪后降到南极大陆上,因为雪不断在表面堆积,埋得越来越深,也越来越重。当下压的压力大到某种程度,雪就会变成冰,这时存在冰雪粒子间的空气无法流出,就被封存在冰中形成气泡,而这些气泡就含有当时大气中的气体成分。冰层越深则压力也越大,气泡也会逐渐变小,进而变成特定的固体形态,如果冰块融化,气泡将会再度释放成为空气。

研究冰核

为了获得研究所需要的冰块样本,科学家利用冰钻在冰川上钻洞挖出冰核。将挖出的冰核裁切后,利用色谱分析仪来研究里面的气体成分,由此分析过去的气候。

采取冰核的英国科学家 科学家利用冰钻取出冰川中的冰核样本,用这个柱状样本进行各种研究

冰川与全球气温

南北极虽然遥远,却对地球自然环境具有决定性的影响。如果南北极地区的冰川融化而露出地面,没有了反射太阳光的冰层,地面温度就会加速上升。而气温的上升,同样会加剧南北极地区冰川的融化,恶性循环的结果会使全球气温大幅度升高。

另外,冰川融化会使海平面上升,一些低海拔地区,如海拔高度只有4米的南太平洋国家图瓦卢,就会全部被海水吞没。事实上,在工业革命后约100年间,整个地球气温上升了大约0.6℃,而南极气温上升情况更为严重,在过去50年间平均温度上升约2.5℃。

地球变暖和温室效应

地球变暖就是指地球大气温度上升的现象。进入20世纪后,受到化石燃料(石油、煤炭等)用量激增、山林开发等影响,地球大气温度上升得越来越快。根据科学家推测,北半球气温上升现象比起冰河时期快了10倍~50倍。

造成地球变暖的原因就是大气的温室效应。大气中的二氧化碳浓度增加,阻止地球热量的散失,使地球的气温升高,这就是温室效应,又叫"花房效应"。

地球的大气层就像是温室的玻璃层,让地球能维持平均气温,但是由于水汽、二氧化碳、甲烷、氧化亚氮等温室气体增加,使得地球热量越来越难以散失,温度就越来越高。地球变暖会引起气候异常、海平面上升、农业生态恶化等,因此,为了防止地球变暖,1992年在巴西举行的联合国环境与发展会议上,世界上150多个国家共同签署了《联合国气候变化框架公约》,各国将一起努力扭转地球变暖现象。

第十五章

接近南极点

我最先到达南极点！

第58天下午

你就不能吃得文雅一点吗？

又在丢脸了。

唉,没救了!

哇,这样吃特别好吃哟!

还有多远？

我看看……根据坐标来看,大约还有100千米。

这几天如果天气都不错，再有三四天就到了。

就快到喽！

感觉好像前几天才出发似的！

指南针在极点附近也有作用吗？拿出来瞧瞧！

唰

你知道怎么看指南针吗？别再丢你们家的脸啦！

什么？

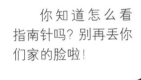
生气

哼，把我当笨蛋吗？我当然会看！指南针的原理就是将带有磁性的针，放在摩擦力小的直轴上，使它可以水平旋转，由于受地磁吸引，磁针的一头总是指向南方。

指南针上的 N 极和 S 极分别指向北方和南方……

好啦，我知道啦！

又是那副德行！

这是因为地球就像一个巨大的磁铁，但是指南针指的是"磁南极点"，而非地球上的南极点！

喂！

既然叫我讲就给我听完！

随便扭别人的头很没礼貌！

呃啊啊！

又来了！

你们两个有完没完啊！

第60天下午

哦?

呼呼

路怎么突然变得高低不平了!

呃——要发疯啦!

南极点不是没有多远了吗?真是令人生气!

以前那么困难的难关都克服了,这算什么?再辛苦两天左右就到啦!

就是嘛……这算什么!

只剩下两天了吗?

很好!这大概是最后的考验了,来场比赛如何?

比赛?

啊！

啪啪

咿啊！

啪啪啪

呜,欲速则不达,完蛋了!

其实,这都是因为我的雪橇比你们的重啊!

借口!哼!

嘻嘻,第1名才能享用的美味啊!

比赛时的紧张情绪一下子全没了!

啧啧啧。

哇啊,真想吃一口!

平常都霸占着好吃的,真卑鄙!

叔叔最小气了!

叔叔今天输得真惨!

别说啦,拜托给我吃一口吧!你不觉得叔叔很可怜吗?

第62天早晨

哦？

那是什么？

是不明飞行物吗？

队长,地平线那边有闪闪发亮的东西!

从那个方向看来,可能是阿蒙森—斯科特站的玻璃圆顶所反射的阳光。

阿蒙森—斯科特站?那就快到南极点了?

对啊!

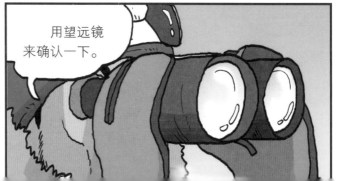

用望远镜来确认一下。

咦?

是什么玩意儿啊?

看到了吗?

你贴那么近干吗,吓死人了!

呵呵,好玩嘛。

哇,比我的望远镜棒!

真是爱凑热闹!

没错,是阿蒙森一斯科特基地。

爸爸,我也要看。

就快到了!

哇,真的是,太神奇了!

也让我看看!

就像在我手心一样清晰呀!

本来就是啊!

太夸张了吧?

141

终于看见目的地了，大家全力以赴吧，出发！

出发！

再赌一赌看谁最先到达南极点吧，队长！

你赌上瘾啦？

这次又要赌什么呀？

要赌你自己一个人赌吧……

唛？

咻

那我先走一步啦！

可恶，这次我不会输的。站住，小鬼！

我们也快跟上。

又开始胡闹了！

这次我要把前几天的耻辱加倍奉还！

呜哇

哼，你这种"龟速"还想赢我？我可是精力充沛啊！

啪

啪

哈哈，怎样？这才是高手级的实力啊！

啪

啪

哇，这么快！

嗯……怎么跟刚开始不一样,步伐变得好沉重?

行李也变重了,好像拖着一块石头……难道在这胜利的前夕……我就要不行了吗?

瞄咦!

呼 呼

鲁道夫……鼻尖发亮……拖着雪橇!

哇啊,这是什么啊!

哟,你还真是舒服啊!

我下次也要试试!

呃啊,你这家伙,赶快给我滚下来!

你居然把我当成驯鹿?

圣诞老人的驯鹿鲁道夫,鼻尖发亮……划过夜空……

你不吃饭啦?再不下来我连你那份都吃掉喽!

身体僵硬得不能动了!

南极真是冷啊!

地球磁极

如果把指南针静置不动,指针的 N 极会永远指向北方,这是因为地球本身就是一个巨大的磁石。地球具备的磁性称为地磁,地磁发生在地球周围,受到地磁影响的区域则称为磁场。

指南针的指针会固定指向南北方(N 极指向北方,S 极指向南方),这是因为地磁的 S 极位于北极附近,而地磁 N 极位于南极附近。由于指南针所指的南北极点是地磁南北极点,并不是地球上的南北极点,因此会与实际地理上的南北方有偏差。

那么在极地地区或南极点时,要如何看指南针呢?虽然理论上会指向磁南北极点,但实际上地磁的极点并非固定在某一点,所以指南针在极地是不准确的。如果站在南极点上看指南针,理论上所有区域都会被当作是北方,因此会指向任何一个方向。

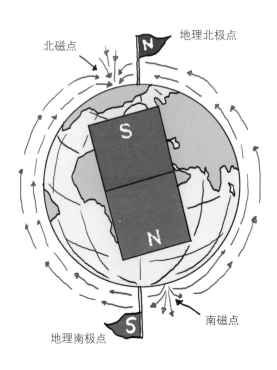

南极的极点

在南极除了地理南极点之外，还有地磁轴心和地面相交的地磁南极点以及指南针所指的磁南极点等。

地理南极点

地球的自转轴与南半球地表面相交的地点称为地理南极点，一般认定为南纬90°，在这个地方有阿蒙森—斯科特站为标志，不过，地理南极点每年都有微小的移动。

地磁南极点

假设地球中心有巨大的磁石轴，磁石轴和南半球地表相交的点就是地磁南极点。此点位于南纬78°28′、东经106°49′的东南极内陆高原。地磁南极点的位置和地理南极点不同，因为地球的磁轴和自转轴呈11°3′倾斜。

南磁点

指南针所指之点就是南磁点，而地球的磁力线就是从磁南、北极点开始围绕地球的，在这里如果让指南针和地面垂直，指针会笔直向上。南磁点并非永远固定，它会以每年10千米～15千米的速度向西、向北方向移动。

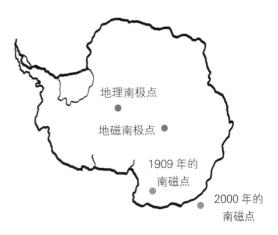

第十六章

踏上
南极点

第62天下午

终于看到啦！

能看到阿蒙森—斯科特科考站啦!

哇——真的哟!

哇啊!

看来剩下的路程没几千米了。

呼 呼

呜啊,恐怖的暴风雪!

到底方向在哪里呀?视线不清……

大同! 糟糕啦!

呜哇哇哇!

啊

呃啊!

抖 抖

这期间经历那么多考验,终于到达这里……要是没有我,整个探险队早就撑不下去了……

赶快前进啊!

真感动!

哎呀,目的地就在眼前了,唠叨什么啊!啧啧。

光会耍嘴皮子。

真受不了!

不过，我们居然可以走完全程，真是想都没想过。

南极点那边有没有其他人啊？希望有一堆好吃的东西！

没零食吃真难过！

好饿！

终于美梦成真了，这都是大家的努力啊！

再走 1 千米就到南极点啦！

最先到达南极点的人，绝对是我杨莫村！

啪 啪

我一定要第一个到达"南极点标志"，来安慰那些被你们吃掉的零食的"在天之灵"！

哇哈哈！！

零食有灵魂吗？

啪

啪

哼，我可不这么认为！

哎哟！

你小子想赢我，再修炼个 10 年吧！

真受不了这两个人。

就凭叔叔这双短腿还想赢啊!

什么!

哈哈哈!

不过也挺有趣的,这趟旅程正因为他们才没有那么无聊。

说得也是。

话说回来,没想到柔弱的小珠也战胜困难,抵达了南极点,我要对你另眼相看哟!

老爸,你才了不起呢!

与爸爸一起冒险后,我更了解爸爸啦,有你这样的探险家爸爸,真有面子。

现在只剩 100 米,第一名非我莫属啦!

呼
呼

大同这小子到哪儿啦?不会弃权吧?

这个就是"南极点标志"啊!

哇啊啊啊——

万岁——我是征服南极点的第一名!哇哈哈哈!成功啦!

不要啊!

多亏我有卓越的挑战精神和体力,终于成为世界上第一个征服南极点的小学生……

把探险老手队长和叔叔抛在后面,杨大同第一!我亲、亲、亲!

将来这小子一定会拿这件事来取笑我,真可恶!

让我好好亲一下这个标志吧！

呵呵 太棒了！

啧——

多好听的声音！

啧？

哲摸灰折样（怎么会这样）？最八粉补凯（嘴巴分不开）？九密啊（救命啊）。

噗哈哈哈！

这就是作弊要受到的惩罚，哈哈哈！

不能错过这么精彩的一刻，嘿嘿！

一起来张合影吧！

噜啦啦

咔

啪！

哇

啾！

阿蒙森—斯科特站

　　阿蒙森—斯科特站是以历史上最早挑战南极点的探险家——阿蒙森和斯科特命名的考察站,它由美国国家科学基金会所管理,美国科学家在这里进行气象学、大气物理、冰川学、地球科学等方面的研究。

阿蒙森—斯科特站　本来的站点因为冰块移动而倒塌,于 1975 年重建

圆顶的基地　圆顶形状的屋顶可以防止雪堆积,内部有建筑物和流动住宅

纪念性的南极点标志　插上各国国旗让人们拍照留念

亚洲国家南极考察史

1984 年 11 月 20 日，中国南极考察队极地考察船"向阳红 10 号"和"J121 号"，从上海出发远征南极乔治王岛，于 1985 年 2 月 20 日在该岛建立了中国第一个南极考察站——长城站，1989 年 2 月 26 日又建成了中山站。

1993 年 11 月 28 日，许英豪带领韩国探险队从爱国者山出发，一路上没有接受补给，也没有靠雪橇犬或雪上摩托车的协助，仅以徒步方式，花了短短 44 天，就在 1994 年 1 月 11 日首度征服南极点，创下最短时间抵达南极点的佳绩。

抵达南极点的
许英豪队长

南极点广告牌 上面写着阿蒙森和斯科特的名言

南极点标志 一根像水管般的细长杆子标记出南极点，每年都会重新测定并移动位置

第十七章

无尽的艰辛

来照张征服南极点的纪念照吧!

那就麻烦您啦!

OK!

预备——

真是谢谢您抽空帮我们照相!

别这么客气。

对了,还要麻烦您用无线电通知 ANI,请他们在明天早上派飞机过来接我们。

好的,没问题。

队长!

嗯?

现在就剩下等飞机接我们回去了?

不然你要住在这里吗?

明天飞机就会抵达,今天算是最后一天了。

突然有种失落感。

那里就是通往营地的入口!

好像间谍电影中的秘密基地。

这个基地于 1957 年在南极点上建成,是南极研究的象征。

里面配有 20 世纪 90 年代的卫星、通信和宇宙研究的尖端设备,目前还在建造配备新式研究装备的建筑。

主要研究气象、大气、宇宙天文、冰川、地球物理、生物医学等领域,冬季约有 30 名研究员、夏季约有 130 名研究员在此工作。

爸爸!

你看那里。

你们在那里干吗？给我滚下来！

他们自以为是蜘蛛侠啊？

我要挑战南极点最高峰！

给我站住！这次我一定要当第一名！

咦！

我们不能睡在营地内，还是要搭帐篷啊？

看来大餐又泡汤了！

营地内没有多余的床位让我们睡。

虽然飞机明天会到，但还是可能因为天气不佳而延误，所以在平安到家之前，大家还是要振作精神。

呵呵呵，挖雪时可以顺便多绕地球几圈，真不错！

咕噜

咕噜

再吃两餐就可以跟这些冷冻食品说拜拜啦!

没错!

等我回到家,一定要大吃一顿泡菜火锅!

还要加很多肉片……

光是想想就口水流满地了。

呵呵,在南极点扎营过夜,真是别有一番风味。

是啊,这不是普通人能享受到的!

飞机来啦,爸爸!

嗡——嗡——

好久不见啦!

来的时候花了 62 天,回程却只需要 4 个小时。

好空虚哟!

探险就是这样呀!

南极点,拜拜!
下次我当队长再来
找你呀!

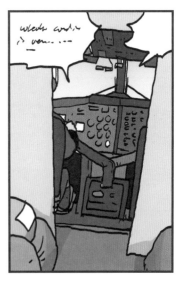

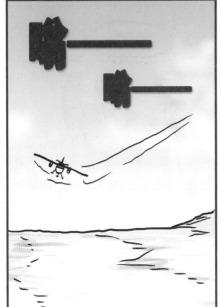

怎么感觉不像在天上啊？

好像着陆了。

哪有这么快就到了？

已经到了吗？

睡个觉就到啦？好像还不到1个小时。

咦？那座山……

好像怪怪的……

咦？这里不是爱国者山啊！

爸爸，你过来看看。

"T山丘"？

这里是"T山丘"啊！

咦？

那些大叔在干吗啊？

检查帐篷吗？

奇怪……

我去问问看。

What happen? What's the matter?

We gotta some problem, heading to...

南极条约

　　1908 年英国首先主张南极为英国领土,由此引发了南极归属的问题。后来又有一些国家对南极提出了领土要求,因此,在客观上需要制定一个多边条约以缓和各种矛盾和纷争。1959 年 12 月 1 日,美国、英国和法国等 12 国,在美国华盛顿签订《南极条约》。

　　《南极条约》的目的是维持南极作为和平区域的状况,并确立南极大陆在国际上的地位以及确定使用南极的原则。条约主要内容包括和平利用南极、科学研究的自由、冻结领土所有权和禁止核试验等四大项目。

　　中国于 1985 年 5 月 9 日加入《南极条约》组织,同年 10 月被接纳为协商国。至 1999 年,《南极条约》组织有 43 个成员国,其中协商国 26 个、非协商国 17 个。

　　1991 年 10 月在波恩举行的第十六届《南极条约》协商国会议,各国协商后共同发表了《〈南极条约〉30 周年宣言》,重申了《南极条约》的宗旨与原则:"为了全人类的利益,南极应永远专用于和平目的,不应成为国际纷争的场所和目标。"

作者的南极点梦游记

2004年夏天

可以听到南极的故事，一定很有趣……啊，终于能见到他了。

你问我要去找谁？

就是韩国伟大的探险家许英豪。

沉醉在他的故事中，感受不到时间流逝……

朴素谦和……

哇，这是真的吗？哇……

真是太厉害了，这些故事画成漫画一定超棒！

啦啦……

出版社准备的资料，加上许队长的故事……再找一些……

这些资料应该够了……

转眼到了冬天

没有身处南极的感受，又无法亲自去一趟……

明天将有强烈寒流……将会出现今年入冬以来最冷低温……

！

嗯，借助寒流可以间接感受南极的严寒——原来感觉就是脸冻僵又寒气逼人……

比起-50℃，这完全是小儿科！

要不要脱外套？

丁零零

你不赶快画漫画，在做什么啊？

抖抖

我……我感冒了。阿嚏！

不过真的好想去南极哟……大同，下次一起去吧！

科学探险漫画书

丝绸之路
大探险

[韩]洪在彻/编文 [韩]喇太淳/绘
林玉葳/译

本系列
共9册

漫画好看 故事搞笑 知识有益
一套激活孩子勇气和智慧的科学漫画书

挑战世界第一高峰,培养战胜
困难的勇气和坚强意志!

深入神秘原始的
热带雨林大探险!

探索奇妙刺激的
洞穴世界!

享受山地车运动的乐趣，
探寻丝绸之路的历史与古迹！

乘着热气球，探索令人
惊奇的高空世界！

充满挑战与刺激的
"白色沙漠"！

一起潜入海底，寻找宝物吧！

飞翔的梦想可以成真！

在波涛汹涌的大海上，
随时迎接险恶的挑战！

著作权登记号：皖登字 1201500 号

레포츠 만화 과학상식 8: 남극점 정복하기

Comic Leisure Sports Science Vol. 8: Conquering the Antarctic Pole

Copyright ⓒ 2005 by Hong, Jae-Cheol

Simplified Chinese translation copyright ⓒ 2019 by Anhui Children's Publishing House

This Simplified Chinese translation is arranged with Ludens Media Co., Ltd.

through Carrot Korea Agency, Seoul, KOREA

All rights reserved.

图书在版编目（CIP）数据

南极点大探险 / [韩]洪在彻编文；[韩]申圣植绘；
徐月珠译. —合肥：安徽少年儿童出版社，2008.01（2019.6 重印）
（科学探险漫画书）
ISBN 978-7-5397-3449-1

Ⅰ.①南…　Ⅱ.①洪…　②申…　③徐…　Ⅲ.①南极 –
探险 – 少年读物　Ⅳ.①N816.61-49

中国版本图书馆 CIP 数据核字（2007）第 200163 号

KEXUE TANXIAN MANHUA SHU NANJI DIAN DA TANXIAN

科学探险漫画书·南极点大探险

[韩]洪在彻 / 编文
[韩]申圣植 / 绘
徐月珠 / 译

出　版　人：徐凤梅　　　　版权运作：王　利　古宏霞　　　　责任印制：朱一之
责任编辑：丁　倩　王笑非　曾文丽　邵雅芸　　　　责任校对：冯劲松
装帧设计：唐　悦
出版发行：时代出版传媒股份有限公司　　http://www.press-mart.com
　　　　　安徽少年儿童出版社　　E-mail：ahse1984@163.com
　　　　　新浪官方微博：http://weibo.com/ahsecbs
　　　　　（安徽省合肥市翡翠路 1118 号出版传媒广场　　邮政编码：230071）
　　　　　出版部电话：（0551）63533536（办公室）　　63533533（传真）
　　　　　（如发现印装质量问题，影响阅读，请与本社出版部联系调换）
印　　　制：合肥远东印务有限责任公司
开　　　本：787mm×1092mm　　1/16　　　印张：11　　　字数：140 千字
版　　　次：2008 年 3 月第 1 版　　　2019 年 6 月第 4 次印刷

ISBN 978-7-5397-3449-1　　　　　　　　　　　　定价：28.00 元